Inhalt

W0210098

Plus und Minus bis 20 = 10

1

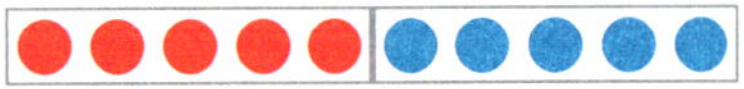

10 = 5 + ____

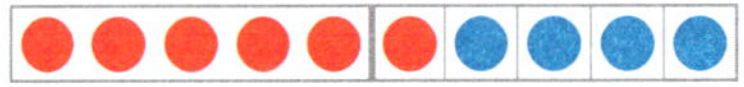

10 = 6 + ____

10 = 8 + ____

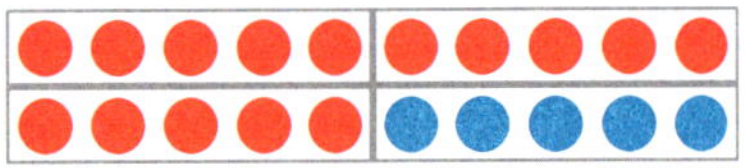

20 = 15 + ____

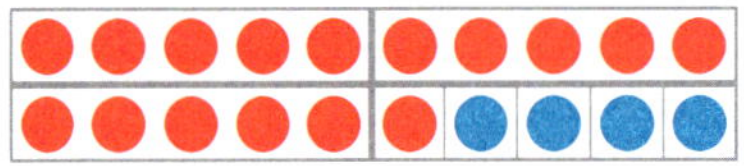

20 = 16 + ____

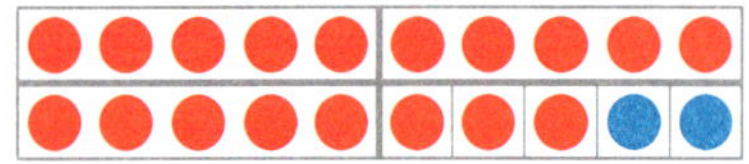

20 = 18 + ____

2

10 = 7 + ____
20 = 17 + ____

10 = 9 + ____
20 = 19 + ____

10 = 3 + ____
20 = ____ + ____

10 = 2 + ____
20 = ____ + ____

3

10	
3	

20	
	17

10	
	6

20	
14	

10	
	1

20	
	11

10	
	5

20	
	5

Plus und Minus bis 20

4

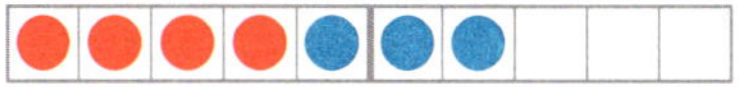

4 + 3 = ____

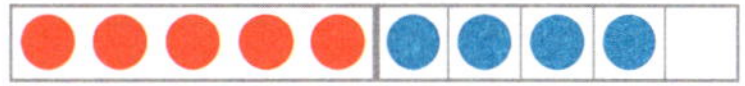

5 + 4 = ____

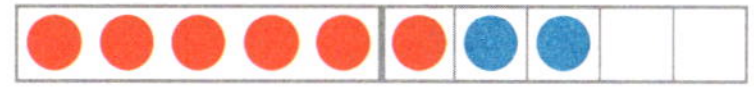

6 + 2 = ____

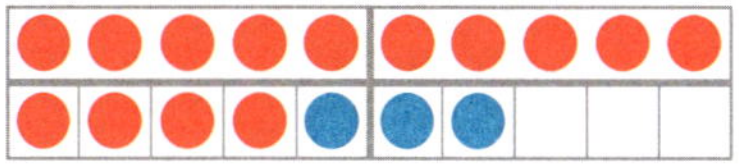

14 + 3 = ____

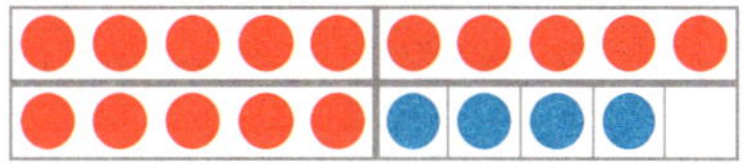

15 + 4 = ____

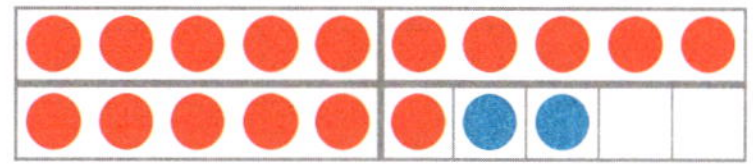

16 + 2 = ____

5

3 + 5 = ____ 2 + 4 = ____ 1 + 6 = ____ 8 + 2 = ____

13 + 5 = ____ 12 + 4 = ____ ___ + ___ = ____ ___ + ___ = ____

6

7					4		14	
5		15	2			1		1

							20	
6	3	16	3		1	9		19

Plus und Minus bis 20

1

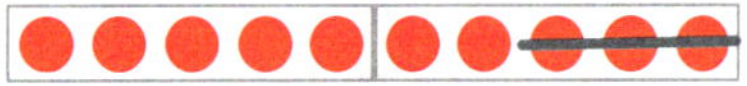

10 – 3 = ____

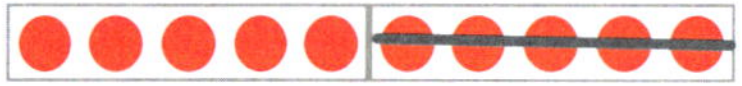

10 – 5 = ____

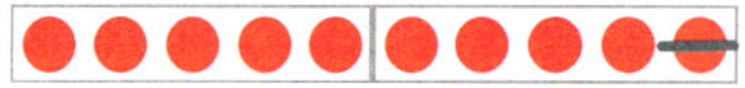

10 – 1 = ____

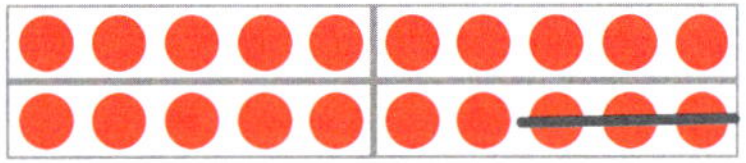

20 – 3 = ____

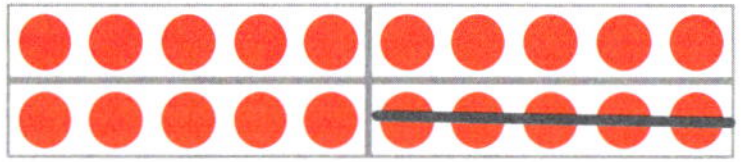

20 – 5 = ____

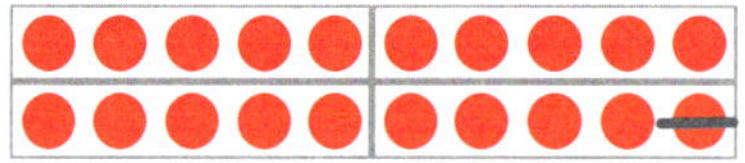

20 – 1 = ____

2

10 – 2 = ____	10 – 7 = ____	10 – 4 = ____	10 – 6 = ____
20 – 2 = ____	20 – 7 = ____	___ – ___ = ____	___ – ___ = ____

3

12		14		18		15		20	
10		10		10		10		10	

13				17		11		10	
	3	10	6		7		1	10	

Plus und Minus bis 20

4

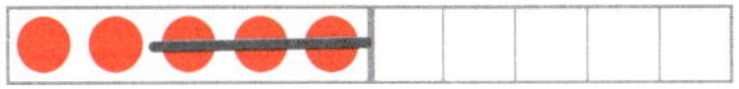

5 – 3 = ___

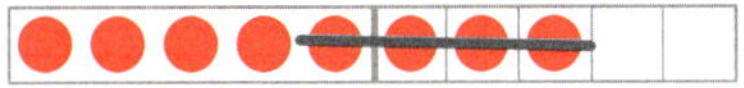

8 – 4 = ___

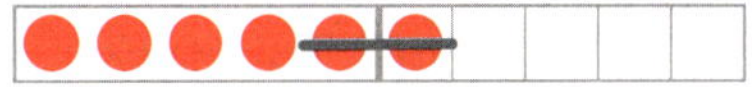

6 – 2 = ___

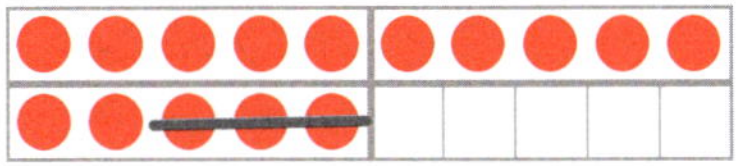

15 – 3 = ___

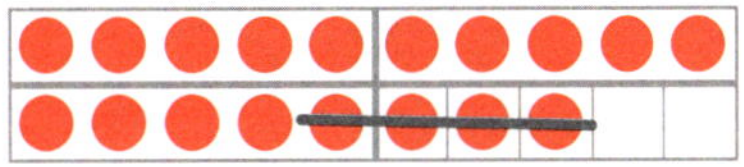

18 – 4 = ___

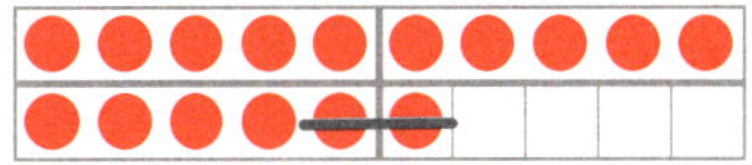

16 – 2 = ___

5

7 – 5 = ___ 9 – 6 = ___ 3 – 1 = ___ 4 – 4 = ___

17 – 5 = ___ 19 – 6 = ___ ___ – ___ = ___ ___ – ___ = ___

6

8	
6	

18	
16	

9	
3	

19	
13	

7	
5	

17	
15	

2	
2	

12	
12	

Kraft der 10

1 Wie viele Zehner?

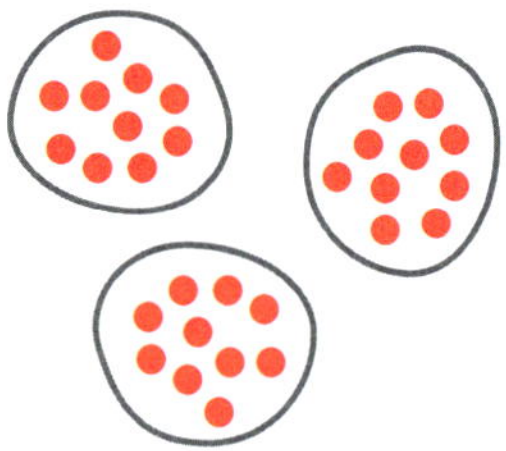

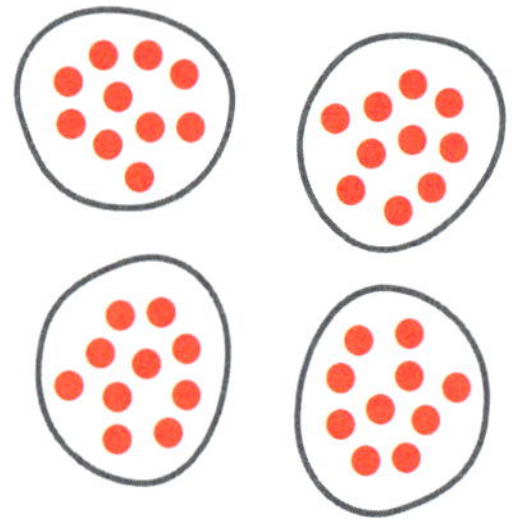

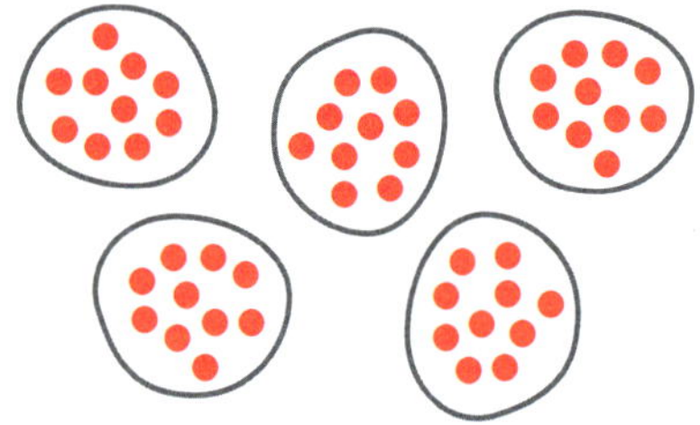

3 Zehner = 30 ____________ ____________

2

2 Zehner = ____ 1 Zehner = ____ 7 Zehner = ____

3 Zehner = ____ 5 Zehner = ____ 9 Zehner = ____

8 Zehner = ____ 4 Zehner = ____ 6 Zehner = ____

3

____ Zehner = 60 ____ Zehner = 10 ____ Zehner = 80

____ Zehner = 40 ____ Zehner = 30 ____ Zehner = 90

____ Zehner = 20 ____ Zehner = 50 ____ Zehner = 100

Kraft der 10

4 Immer 5 Zehner (5 Z).

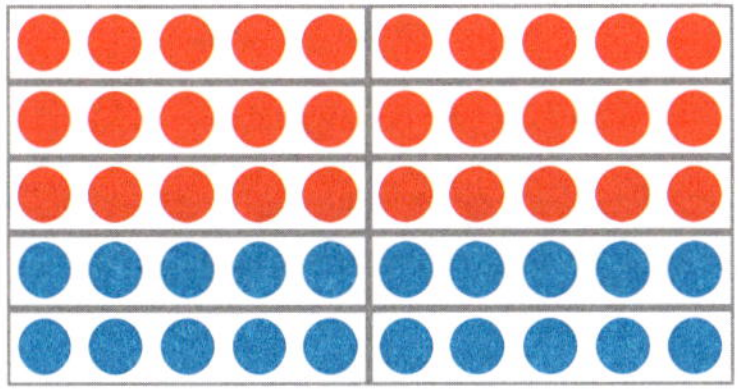

5 Z = 3 Z + 2 Z

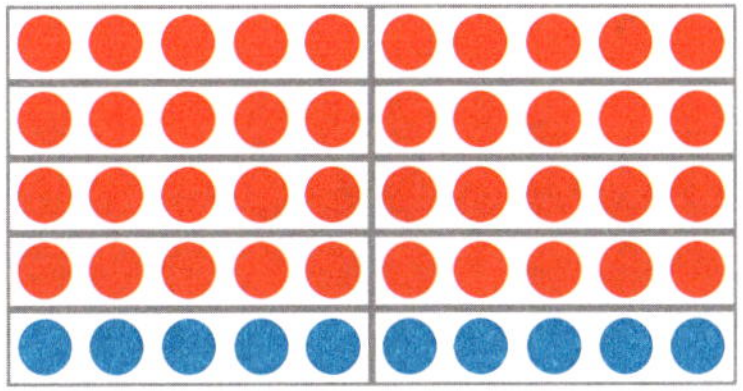

5 Z = ____ + ____

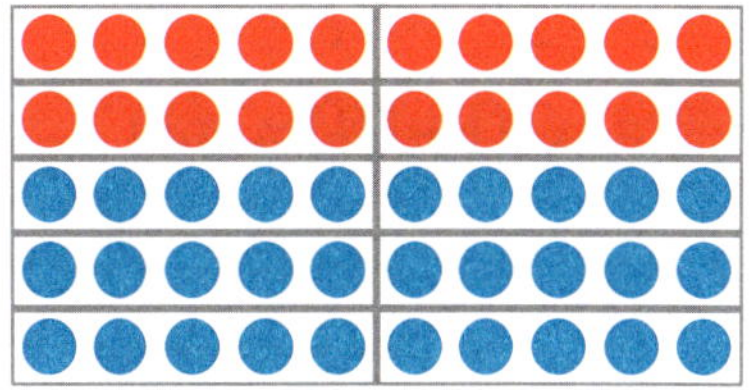

5 Z = ____ + ____

5

6 Z = 5 Z + ____
5 Z = ____ + 5 Z

8 Z = 5 Z + ____
10 Z = ____ + 5 Z

6 Z = 3 Z + ____
8 Z = ____ + 3 Z

6 Z = 6 Z + ____
7 Z = ____ + 6 Z

7 Z = 5 Z + ____
8 Z = ____ + 5 Z

9 Z = 5 Z + ____
6 Z = ____ + 5 Z

7 Z = 4 Z + ____
9 Z = ____ + 4 Z

8 Z = 4 Z + ____
8 Z = ____ + 6 Z

6

6 Z = 2 Z + ____
8 Z = 2 Z + ____
7 Z = 2 Z + ____
9 Z = 2 Z + ____

6 Z = 1 Z + ____
8 Z = 1 Z + ____
7 Z = 1 Z + ____
9 Z = 1 Z + ____

6 Z = 4 Z + ____
8 Z = 4 Z + ____
7 Z = 4 Z + ____
9 Z = 4 Z + ____

6 Z = 3 Z + ____
8 Z = 3 Z + ____
7 Z = 3 Z + ____
9 Z = 3 Z + ____

Kraft der 10

1 Rechne und zeichne.

2 Z + 4 Z = ___	1 Z + 3 Z = ___	7 Z + 2 Z = ___	4 Z + 5 Z = ___
20 + 40 = 60	___ + ___ = ___	___ + ___ = ___	___ + ___ = ___

2 Einfache Aufgaben. Denke an mit 5 , = 10 , doppelt .

50 + 30 = ___	80 + 20 = ___	30 + 30 = ___	10 + 50 = ___
10 + 10 = ___	20 + 20 = ___	50 + 10 = ___	60 + 40 = ___
20 + 50 = ___	50 + 50 = ___	70 + 30 = ___	50 + 40 = ___
30 + 70 = ___	30 + 50 = ___	90 + 10 = ___	40 + 40 = ___

3

20 + 10 = ___	40 + 30 = ___	60 + 20 = ___	10 + 40 = ___
70 + 20 = ___	60 + 30 = ___	60 + 10 = ___	20 + 60 = ___

Kraft der 10

4 Rechne und zeichne.

8 Z − 2 Z = ____	5 Z − 2 Z = ____	6 Z − 4 Z = ____	7 Z − 3 Z = ____
80 − 20 = 60	____ − ____ = ____	____ − ____ = ____	____ − ____ = ____

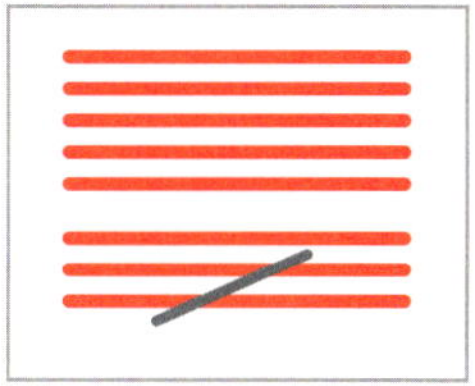

5 Einfache Aufgaben. Denke an 5, 10, halb.

80 − 30 = ____	100 − 20 = ____	60 − 30 = ____	60 − 50 = ____
20 − 10 = ____	40 − 20 = ____	60 − 10 = ____	100 − 40 = ____
70 − 50 = ____	100 − 50 = ____	100 − 30 = ____	90 − 40 = ____
100 − 70 = ____	80 − 50 = ____	100 − 10 = ____	80 − 40 = ____

6

30 − 10 = ____	70 − 30 = ____	80 − 20 = ____	50 − 40 = ____
90 − 20 = ____	90 − 30 = ____	70 − 10 = ____	80 − 60 = ____

Die Zahlen bis 100

1 Tausche möglichst viele Einer in Zehner um.

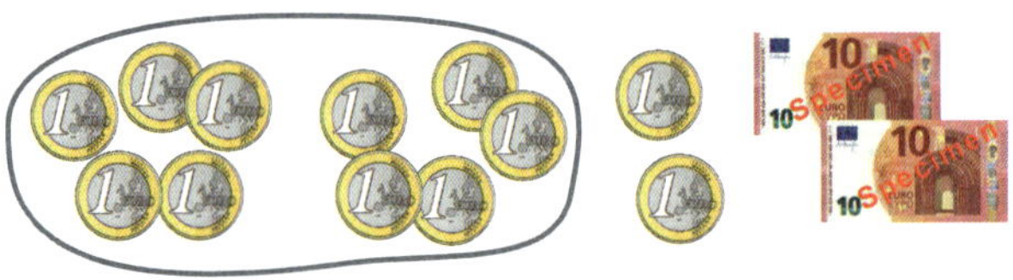

Z	E
3	2

32

Z	E

___

Z	E

___

Z	E

___

Die Zahlen bis 100

2 Welche Zahl? Denke an das Umtauschen.

12 **E**

Z	E
1	2

12

1 **Z** 12 **E**

Z	E
2	2

22

2 **Z** 12 **E**

Z	E

___

3 **Z** 12 **E**

Z	E

___

4 **Z** 12 **E**

Z	E

___

4 **Z** 13 **E**

Z	E

___

4 **Z** 23 **E**

Z	E

___

4 **Z** 33 **E**

Z	E

___

4 **Z** 43 **E**

Z	E

___

4 **Z** 53 **E**

Z	E

___

6 **Z** 12 **E**

Z	E

___

5 **Z** 24 **E**

Z	E

___

4 **Z** 36 **E**

Z	E

___

3 **Z** 48 **E**

Z	E

___

2 **Z** 60 **E**

Z	E

___

Die Zahlen bis 100

1 Welche Zahl? Zeichne die Zahlbilder und schreibe.

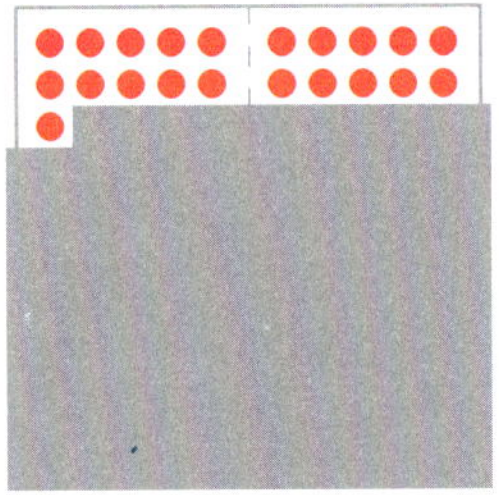

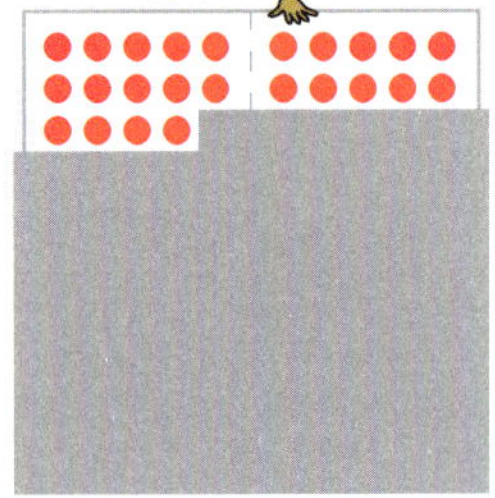

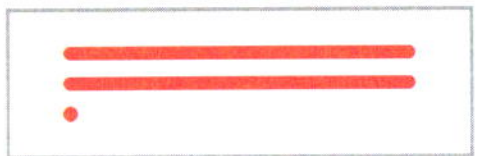

20 + 1 = 21

___ + ___ = ___

___ + ___ = ___

___ + ___ = ___

2

20 + 5 = ___	20 + 6 = ___	20 + 7 = ___	20 + 8 = ___
50 + 2 = ___	50 + 3 = ___	50 + 4 = ___	50 + 5 = ___
70 + 7 = ___	70 + 8 = ___	70 + 9 = ___	70 + 10 = ___

3

10 + 5 = ___	20 + 7 = ___	70 + 2 = ___	90 + 1 = ___
50 + 4 = ___	60 + 3 = ___	40 + 6 = ___	30 + 8 = ___
80 + 1 = ___	50 + 0 = ___	20 + 10 = ___	90 + 9 = ___

Die Zahlen bis 100

4 Welche Zahl? Zeichne die Zahlbilder und schreibe.

___ + ___ = ___

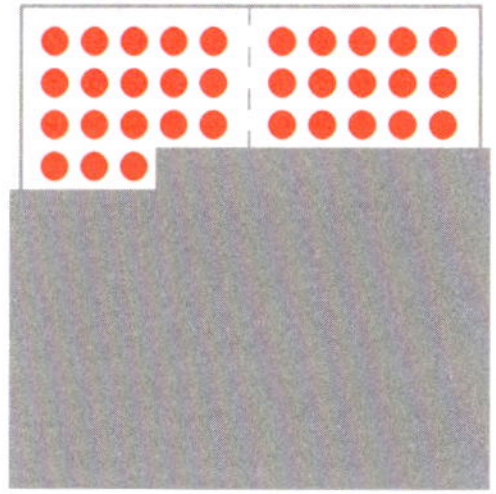

___ + ___ = ___

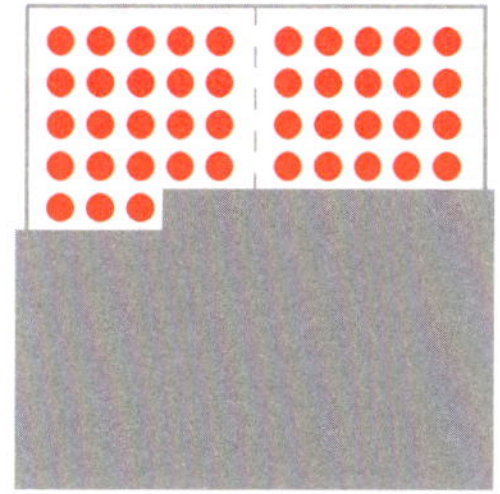

___ + ___ = ___

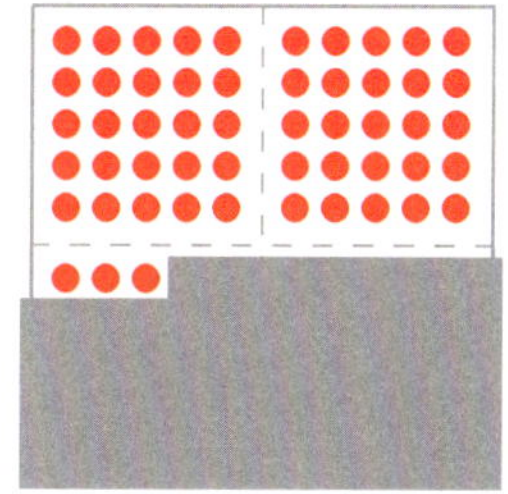

___ + ___ = ___

5

20 + 6 = ___	30 + 6 = ___	40 + 6 = ___	50 + 6 = ___
60 + 4 = ___	70 + 4 = ___	80 + 4 = ___	90 + 4 = ___

6

20 + ___ = 27	40 + ___ = 43	20 + ___ = 28	70 + ___ = 71
30 + ___ = 32	50 + ___ = 56	60 + ___ = 65	90 + ___ = 100

Die Zahlen bis 100

1 Welche Zahl?

Z	E
3	8

30 + 8 = 38

Z	E

______

Z	E

______

2

20 + 3 = ___
20 + 4 = ___
20 + 5 = ___
20 + 6 = ___
___ + ___ = ___

40 + 1 = ___
40 + 2 = ___
40 + 3 = ___
___ + ___ = ___
___ + ___ = ___

70 + 0 = ___
70 + 2 = ___
70 + 4 = ___
___ + ___ = ___
___ + ___ = ___

50 + 1 = ___
50 + 3 = ___
50 + 5 = ___
___ + ___ = ___
___ + ___ = ___

3

17	
10	7

30	4

60	2

90	5

80	4

4 Zeichne und rechne.

30 + 27 = 57

___ + 24 = 44

___ + 49 = 69

___ + 35 = 45

5

10 + 12 = 22
___ + 12 = 32
___ + 12 = 42
___ + ___ = ___
___ + ___ = ___

___ + 27 = 47
___ + 27 = 57
___ + 27 = 67
___ + ___ = ___
___ + ___ = ___

31 + 10 = ___
32 + 10 = ___
33 + 10 = ___
___ + ___ = ___
___ + ___ = ___

49 + 20 = ___
48 + 20 = ___
47 + 20 = ___
___ + ___ = ___
___ + ___ = ___

6

58	
8	
18	

32	
2	
12	

83	
3	
43	

67	
7	
37	

92	
2	
42	

Zahlen in der Stellentafel

1 Welche Zahl? Zeichne und schreibe.

Z	E
3	1

$30 + 1 = 31$

Z	E
3	2

Z	E
3	3

Z	E
4	2

Z	E
4	4

Z	E
4	6

Z	E
5	0

Z	E
5	3

Z	E
5	6

Z	E
2	1

Z	E
2	0

Z	E
1	9

Zahlen in der Stellentafel

2 Welche Zahl? Zeichne und schreibe.

Z	E
1	1

Z	E
2	1

Z	E
3	1

Z	E
2	3

Z	E
3	3

Z	E
4	3

Z	E
4	0

Z	E
5	0

Z	E
6	0

Z	E
1	4

Z	E
2	4

Z	E
3	4

Zahlen in der Stellentafel

1 Finde passende Zahlen. Ergänze das Zahlenbild und schreibe die Zahl.

Z	E
1	5

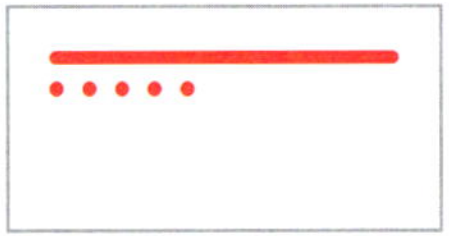

10 + 5 = 15

Z	E
1	8

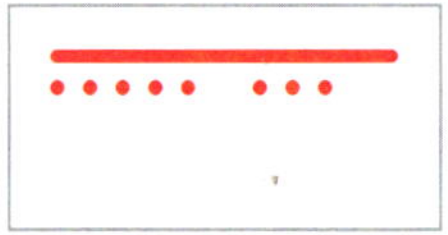

__ + __ = __

Z	E
1	

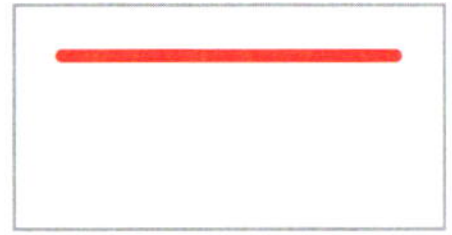

__ + __ = __

Z	E
3	

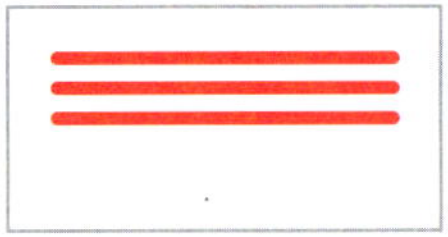

__ + __ = __

Z	E
3	

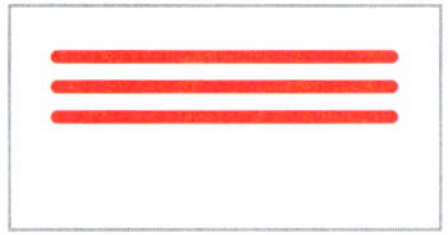

__ + __ = __

Z	E
3	

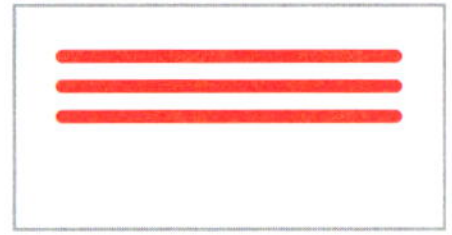

__ + __ = __

Z	E
	9

__ + __ = __

Z	E
	9

__ + __ = __

Z	E
	9

__ + __ = __

Z	E
	7

__ + __ = __

Z	E
	7

__ + __ = __

Z	E
	7

__ + __ = __

Zahlen in der Stellentafel

2 Immer ein Einer mehr. Schreibe die Zahlen.

Z	E
1	7

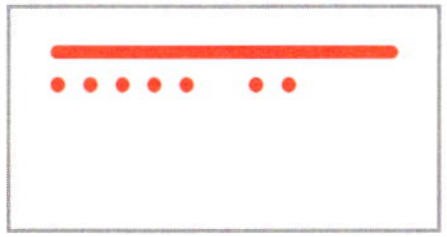

10 + 7 = 17

Z	E

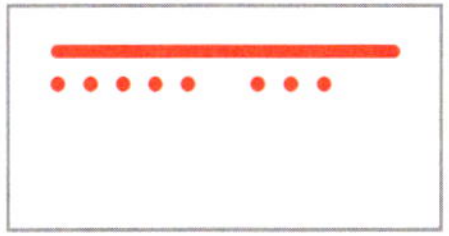

\+ =

Z	E

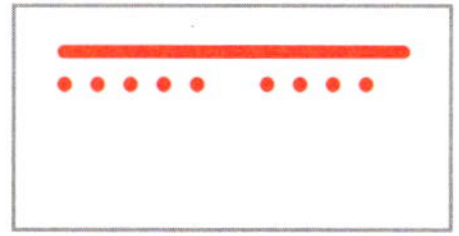

\+ =

Z	E

\+ =

Z	E

\+ =

Z	E

\+ =

Z	E

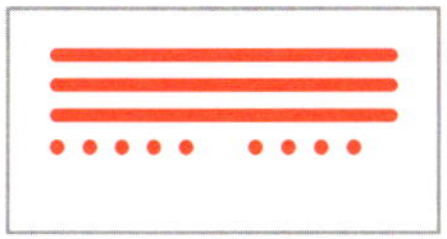

\+ =

Z	E

\+ =

Z	E

\+ =

Z	E

\+ =

Z	E

\+ =

Z	E

\+ =

Ergänzen bis 100 am Hunderterfeld

1 Immer 100.

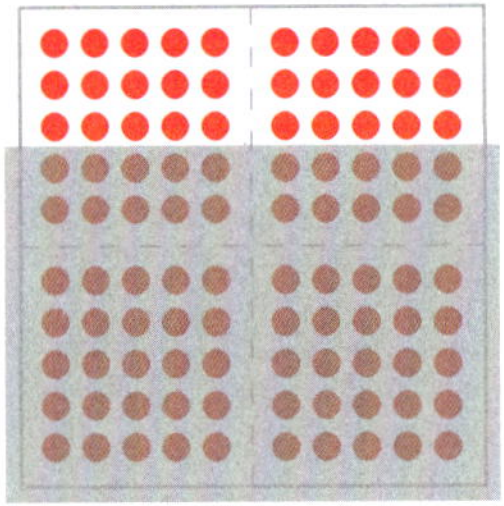

30 + ____

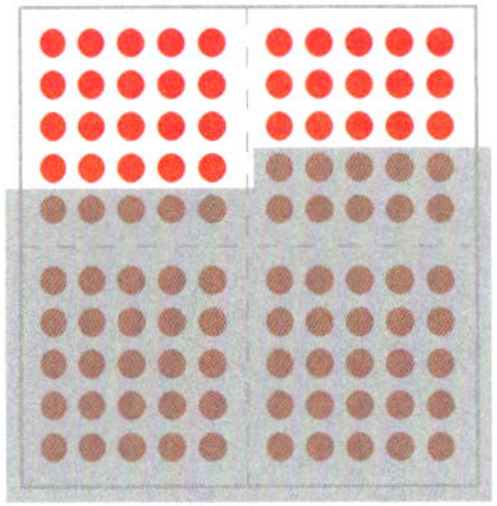

35 + ____

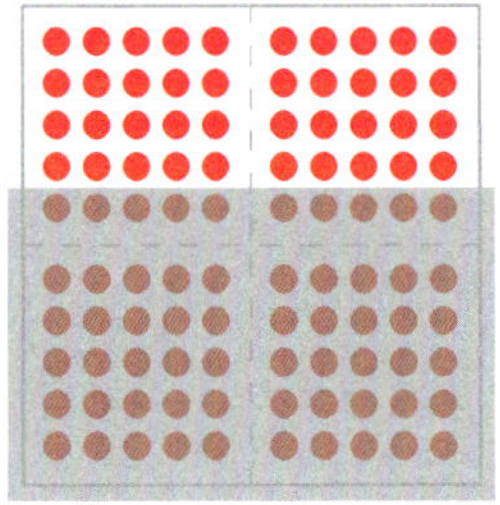

____ + ____

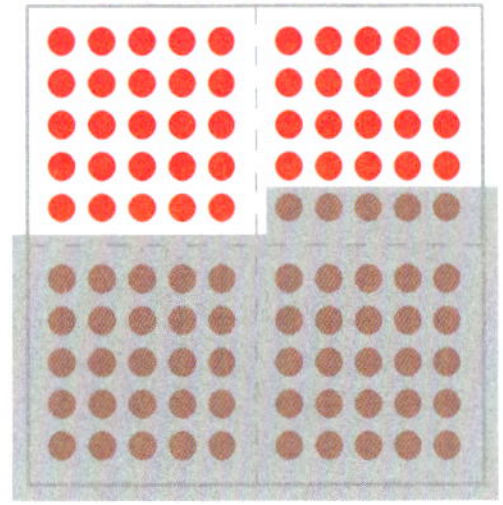

____ + ____

2

100	100	100	100	100
50 +	+ 50	95 +	99 +	+ 2
40 +	+ 60	85 +	89 +	+ 12
30 +	+ 70	75 +	79 +	+ 22
20 +	+ 80	65 +	69 +	+ 32
10 +	+ 90	55 +	59 +	+ 42

Ergänzen bis 100 am Hunderterfeld

3 Immer 100.

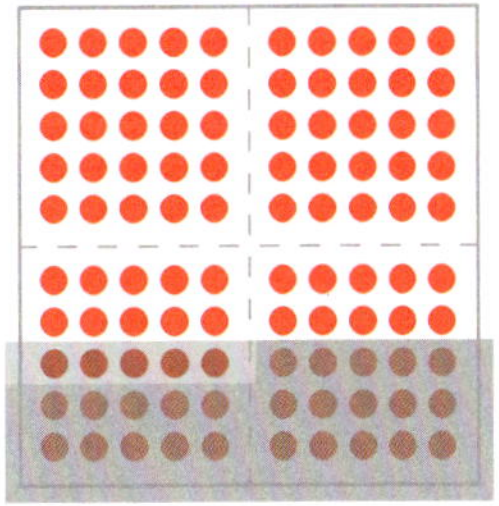
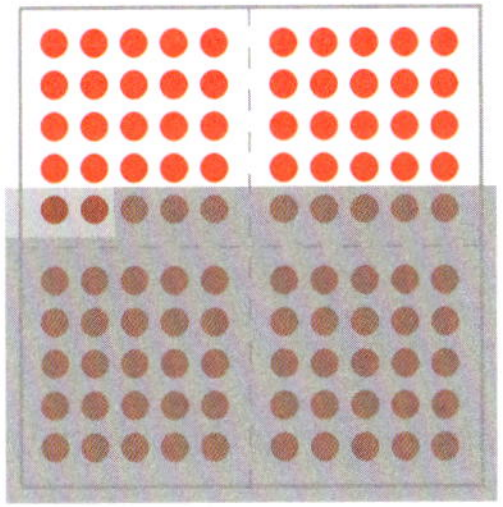
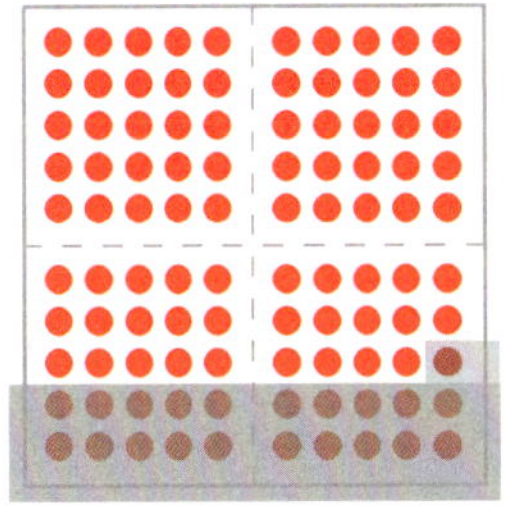
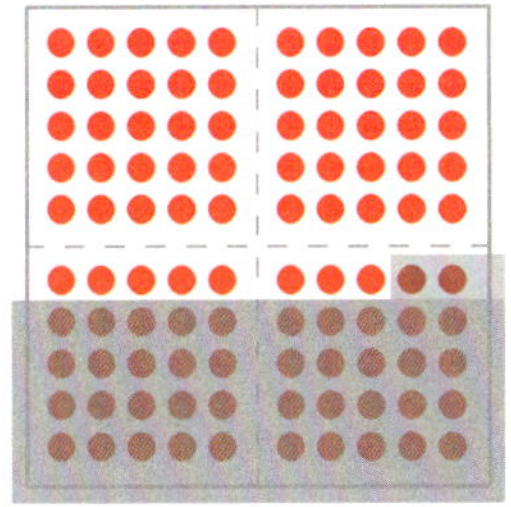

70 + ___ = 100	40 + ___ = 100	80 + ___ = 100	60 + ___ = 100
75 + ___ = 100	42 + ___ = 100	79 + ___ = 100	58 + ___ = 100

4

50 + ___ = 100	60 + ___ = 100	80 + ___ = 100	90 + ___ = 100
51 + ___ = 100	61 + ___ = 100	82 + ___ = 100	92 + ___ = 100
___ + 30 = 100	___ + 20 = 100	___ + 70 = 100	___ + 40 = 100
___ + 31 = 100	___ + 22 = 100	___ + 71 = 100	___ + 42 = 100

5

30 + ___ = 100	40 + ___ = 100	60 + ___ = 100	80 + ___ = 100
29 + ___ = 100	39 + ___ = 100	58 + ___ = 100	78 + ___ = 100

Die Zahlenreihe bis 100

1 Welche Zahl?

a)

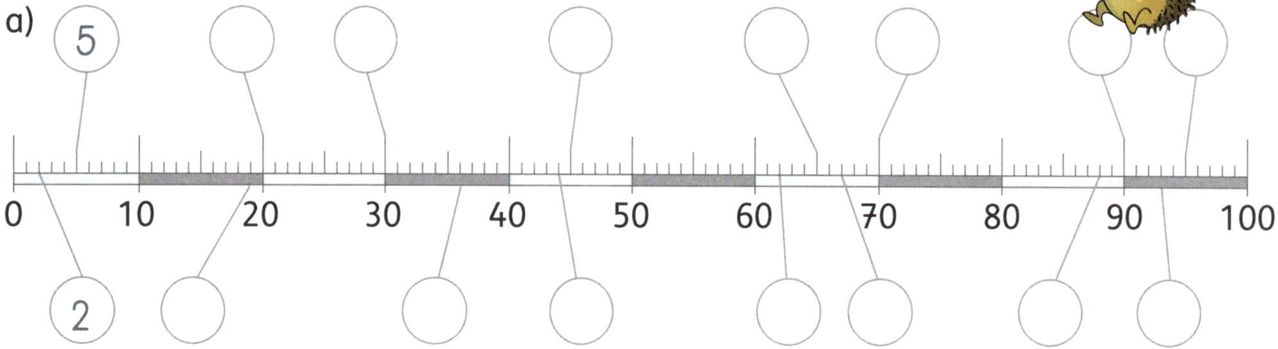

b)

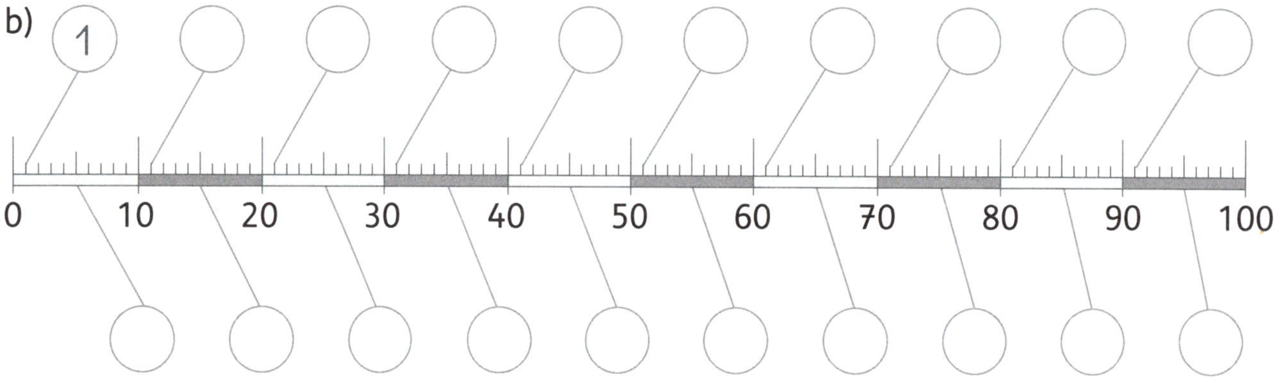

Die Zahlenreihe bis 100

2 Verbinde.

a) 5 25 30 55 65 75 90 95

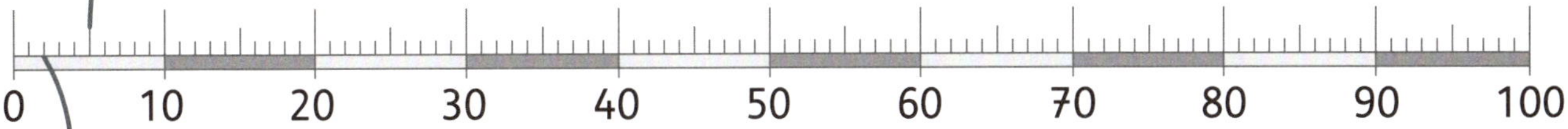

2 26 34 48 53 79 87 91

b) 3 13 23 33 43 53 63 73 83 93

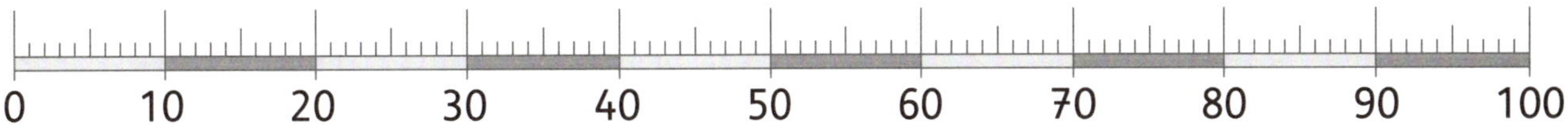

7 17 27 37 47 57 67 77 87 97

Die Zahlenreihe bis 100

1 Finde die Nachbarzahlen.

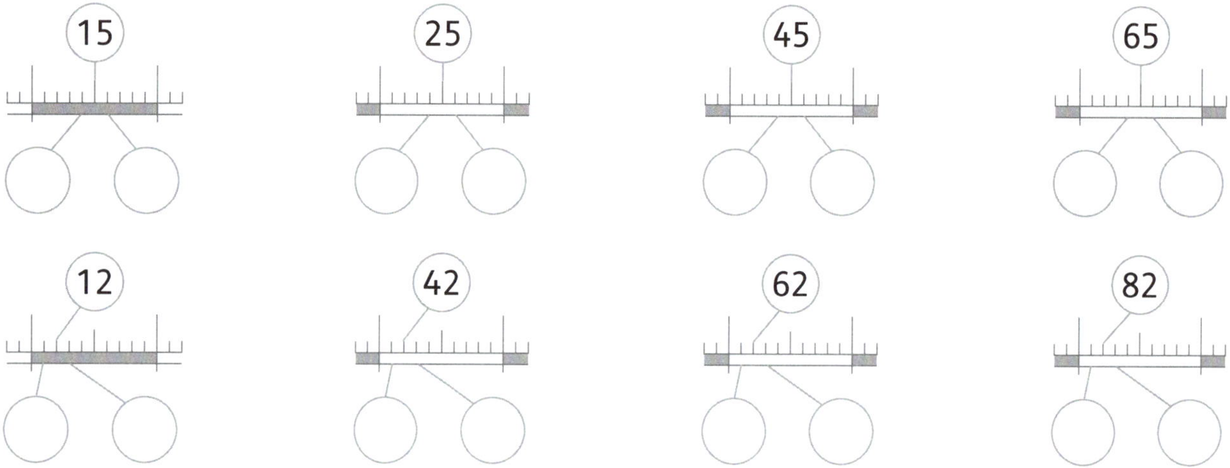

2 Finde die Nachbarzahlen.

___, 1, ___	___, 11, ___	___, 21, ___	___, 31, ___	___, 41, ___
___, 55, ___	___, 65, ___	___, 75, ___	___, 85, ___	___, 95, ___
___, 6, ___	___, 17, ___	___, 29, ___	___, 30, ___	___, 42, ___
___, 53, ___	___, 68, ___	___, 71, ___	___, 84, ___	___, 98, ___

Die Zahlenreihe bis 100

3 Finde die Zahlen.

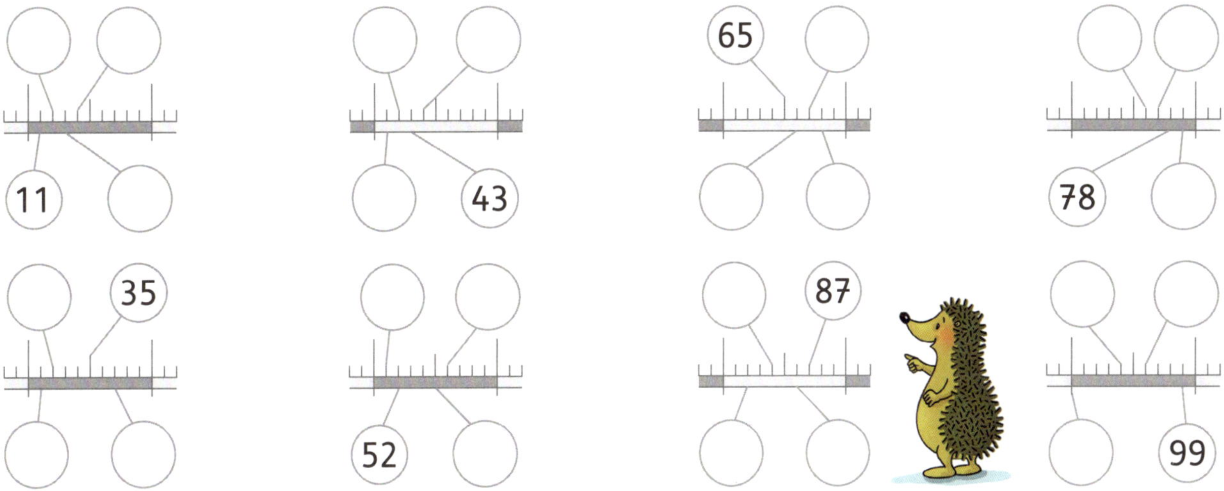

4 Finde die Zahlen. Immer der Reihe nach.

a) 21, 22, 23, ___, ___
71, ___, ___, ___, ___

b) ___, 23, ___, ___, ___
___, 53, ___, ___, ___

c) ___, ___, 45, ___, ___
___, ___, 75, ___, ___

d) ___, ___, ___, ___, 15
___, ___, ___, ___, 35

e) ___, ___, ___, ___, 27
___, ___, ___, ___, 87

f) ___, ___, ___, ___, 39
___, ___, ___, ___, 69

Die Zahlenreihe bis 100

1 Finde die Nachbarzehner.

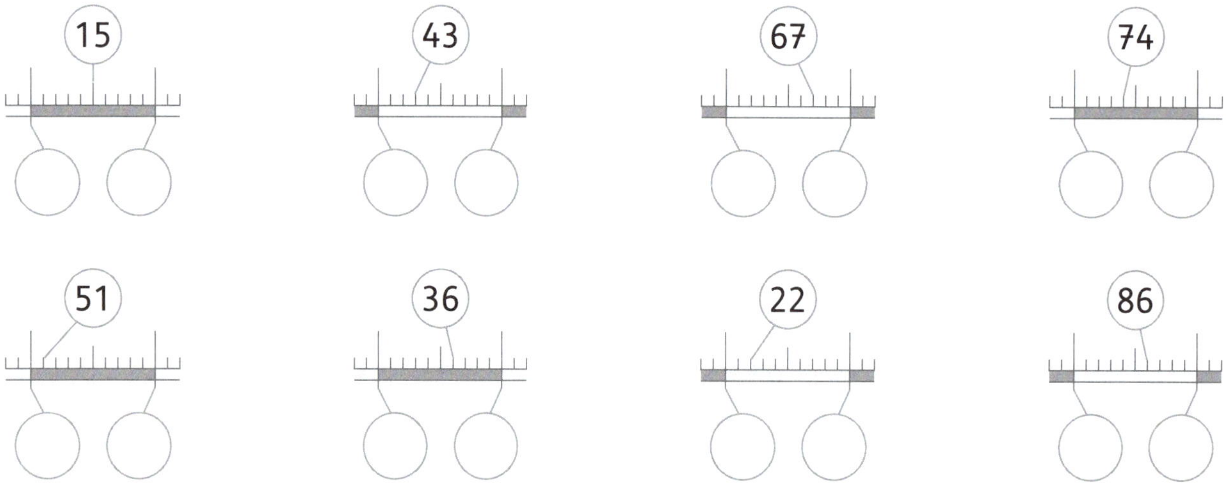

2 Zurück zum Nachbarzehner.

21 – ____ = 20	34 – ____ = 30	53 – ____ = 50	25 – ____ = 20
61 – ____ = 60	74 – ____ = 70	83 – ____ = 80	45 – ____ = 40
27 – ____ = 20	39 – ____ = 30	58 – ____ = 50	22 – ____ = 20
67 – ____ = 60	79 – ____ = 70	88 – ____ = 80	42 – ____ = 40

Die Zahlenreihe bis 100

3 Gleich weit weg. Finde die Zahlen.

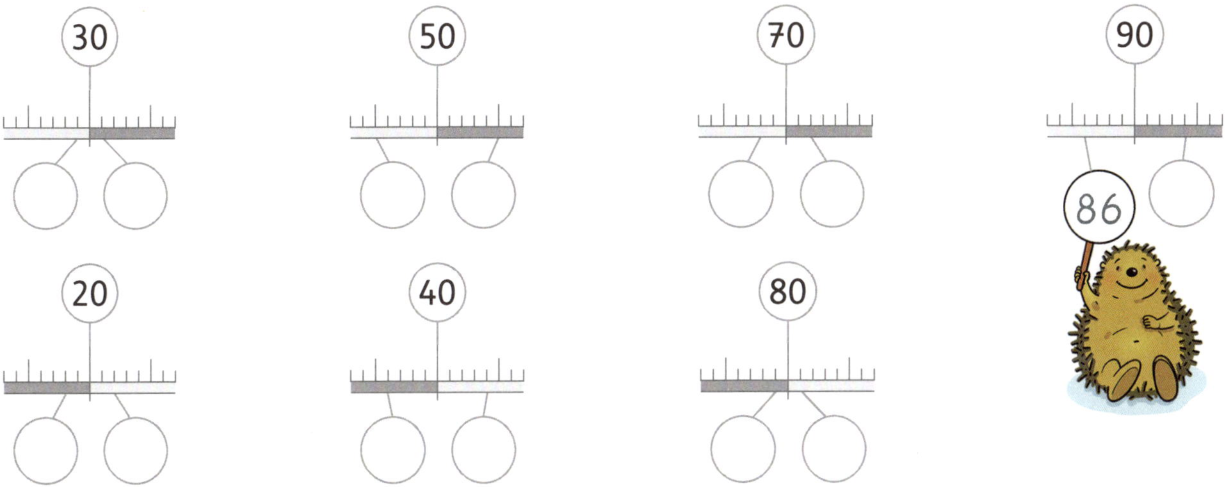

4 Vor zum Nachbarzehner.

15 + ____ = 20	36 + ____ = 40	58 + ____ = 60	27 + ____ = 30
65 + ____ = 70	76 + ____ = 80	88 + ____ = 90	47 + ____ = 50
12 + ____ = 20	31 + ____ = 40	54 + ____ = 60	23 + ____ = 30
62 + ____ = 70	71 + ____ = 80	84 + ____ = 90	43 + ____ = 50

Der Rechenstrich

1 Trage die Zahlen ungefähr ein.

a) ~~50~~ 1 99 45 55 10 90

0 — 50 — 100

b) ~~25~~ 75 20 80 40 60

0 — 25 — 100

2 a) 25 20 30 10 40

0 — 50

b) 75 70 80 60 90

50 — 100

c) 50 45 55 41 56

40 — 60

d) 50 35 65 25 75

20 — 80

Der Rechenstrich

3 Immer 10 vor und zurück.

a) ☐ ☐ 45 55 ☐ ☐ ☐

b) ☐ ☐ ☐ 57 ☐ ☐ ☐

4 Immer 5 vor und zurück.

a) ☐ ☐ ☐ ☐ ☐ ☐ 56 ☐ ☐ ☐ ☐

b) ☐ ☐ ☐ ☐ ☐ ☐ 59 ☐ ☐ ☐ ☐

Ergänzen bis 100 am Rechenstrich

1 Rechne mit dem Rechenstrich.

a)

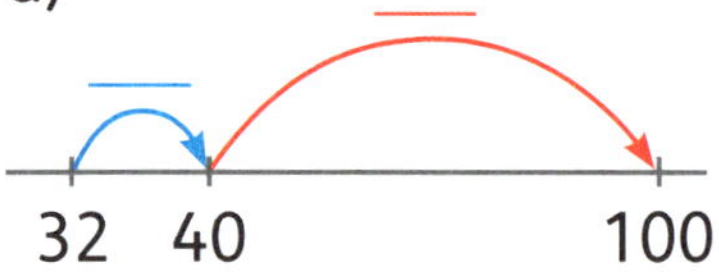

32 + ___ = 40

40 + ___ = 100

32 + ___ = 100

b)

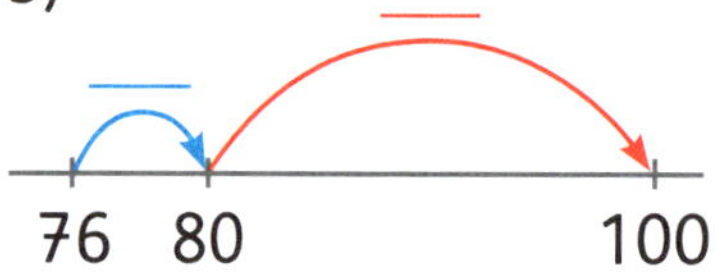

76 + ___ = 80

80 + ___ = 100

76 + ___ = 100

c)

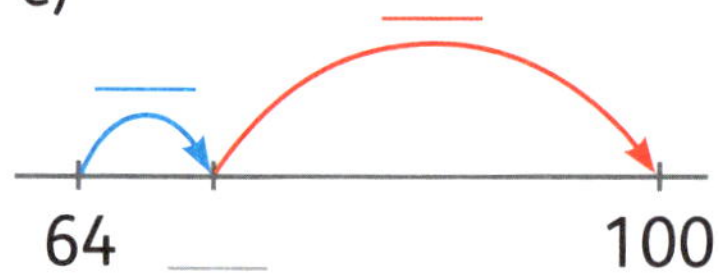

64 + ___ = ___

___ + ___ = 100

64 + ___ = 100

2 a) 42 + ___ = 50 | 62 + ___ = 70 | 53 + ___ = 60 | 23 + ___ = 30

42 + ___ = 100 | 62 + ___ = 100 | 53 + ___ = 100 | 23 + ___ = 100

b) 26 + ___ = 30 | 76 + ___ = 80 | 34 + ___ = ___ | 54 + ___ = ___

26 + ___ = 100 | 76 + ___ = 100 | 34 + ___ = 100 | 54 + ___ = 100

c) 45 + ___ = ___ | 59 + ___ = ___ | 17 + ___ = ___ | 33 + ___ = ___

45 + ___ = 100 | 59 + ___ = 100 | 17 + ___ = 100 | 33 + ___ = 100

Ergänzen bis 100 am Rechenstrich

3 a)

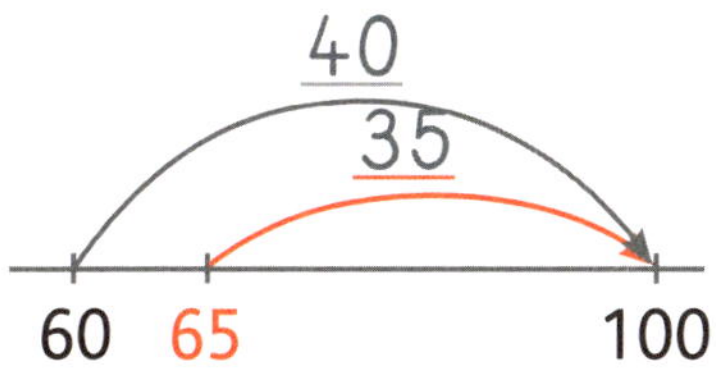

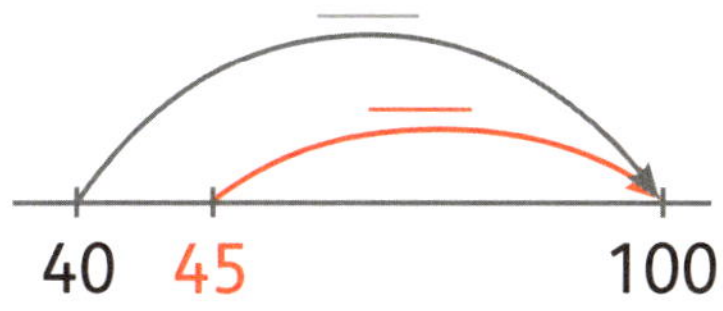

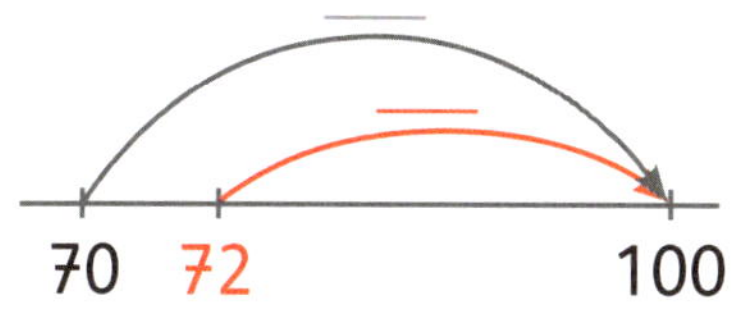

60 + ___ = 100
65 + ___ = 100

40 + ___ = 100
45 + ___ = 100

70 + ___ = 100
___ + ___ = 100

b)

30 + ___ = 100	50 + ___ = 100	40 + ___ = 100	70 + ___ = 100
32 + ___ = 100	52 + ___ = 100	43 + ___ = 100	71 + ___ = 100

4 a)

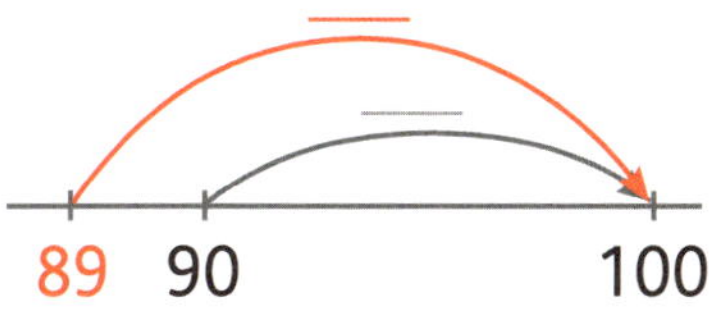

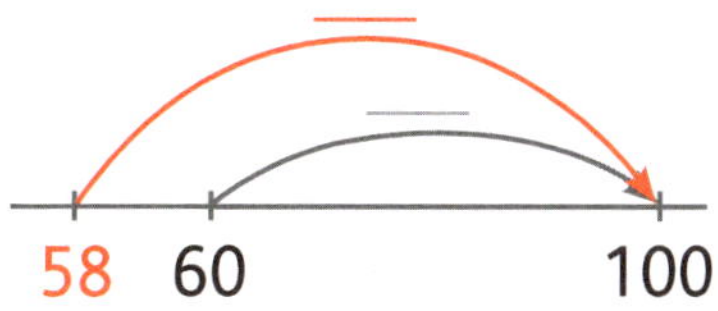

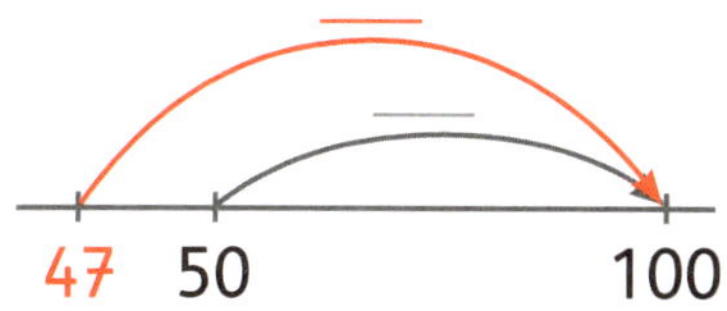

90 + ___ = 100
89 + ___ = 100

60 + ___ = 100
58 + ___ = 100

50 + ___ = 100
___ + ___ = 100

b)

30 + ___ = 100	50 + ___ = 100	40 + ___ = 100	70 + ___ = 100
28 + ___ = 100	48 + ___ = 100	39 + ___ = 100	69 + ___ = 100

Die Hundertertafel

1 a) Trage die fehlenden Zahlen ein.

b) Kreise die Zahlen ein.

Rot: 31, 32, 33, 34, 35, ..., 39, 40

Blau: 1, 11, 21, 31, 41, ..., 81, 91

Grün: 1, 12, 23, 34, 45, ..., 89, 100

Gelb: 10, 19, 28, 37, 46, ..., 82, 91

1	2	3	4	5	6	7	8		10
11	12	13	14		16	17	18	19	20
21	22	23	24		26	27	28		30
	32	33	34		36	37	38	39	40
41		43	44		46	47	48		50
51				55	56	57		59	
61	62	63	64		66	67	68		70
	72	73	74		76	77	78	79	80
81	82	83	84		86	87	88		90
91	92	93	94	95	96	97	98	99	100

2 Wie heißen die Zahlen? Schreibe auf.

Alle Zahlen mit ...

a) ... 5 Einern: 5, 15, 25, ____________________

b) ... 5 Zehnern: ____________________

c) ... gleich vielen Zehnern und Einern: 11, ____________________

d) ... ____________________ : ____________________

Die Hundertertafel

3 Trage die fehlenden Zahlen ein.

25 | 26	47 | ☐	63 | ☐	99 | ☐	11 | ☐	30 | ☒	50 | ☐
☐ | 25	☐ | 47	☐ | 63	☐ | 99	☐ | 11	☐ | 30	☐ | 50
25 / ☐	47 / ☐	63 / ☐	99 / ☐	11 / ☐	30 / ☐	50 / ☐
25 / ☐	47 / ☐	63 / ☐	☐ / 99	☐ / 11	☐ / 30	☐ / 50

4

	22		
	32	33	
	42		

	50

	99	

	75	

Einfache Plusaufgaben

1 Zeichne und rechne. Immer Einer dazu.

23 + 4 = 27 34 + 4 = ____ 72 + 5 = ____ 55 + 3 = ____

2 35 + 5 = ____ 35 + 4 = ____ 35 + 2 = ____ 35 + 3 = ____

3 53 + 5 = ____ 63 + 5 = ____ 73 + 5 = ____ 83 + 5 = ____

Einfache Plusaufgaben

4 27 + 2 = ____   43 + 6 = ____   74 + 4 = ____   32 + 8 = ____

5

54 + 5 = ____	12 + 6 = ____	3 + 7 = ____	41 + 8 = ____
64 + 5 = ____	32 + 6 = ____	33 + 7 = ____	51 + 8 = ____
74 + 5 = ____	52 + 6 = ____	63 + 7 = ____	61 + 8 = ____
84 + 5 = ____	72 + 6 = ____	93 + 7 = ____	71 + 8 = ____

6

53 + 1 = ____	74 + 0 = ____	82 + 1 = ____	15 + 2 = ____
53 + 2 = ____	74 + 2 = ____	82 + 3 = ____	15 + 3 = ____
53 + 3 = ____	74 + 4 = ____	82 + 5 = ____	15 + 4 = ____
53 + 4 = ____	74 + 6 = ____	82 + 7 = ____	15 + 5 = ____

Einfache Plusaufgaben

1 Zeichne und rechne. Immer Zehner dazu.

13 + 10 = 23 | 23 + 30 = ___ | 33 + 40 = ___ | 43 + 50 = ___

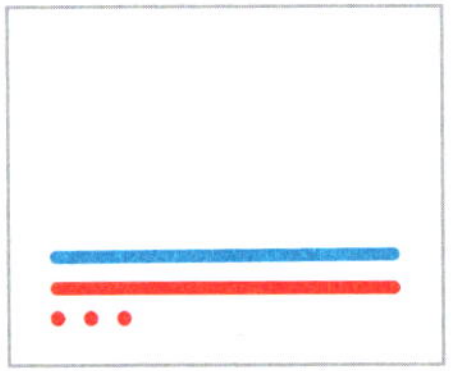

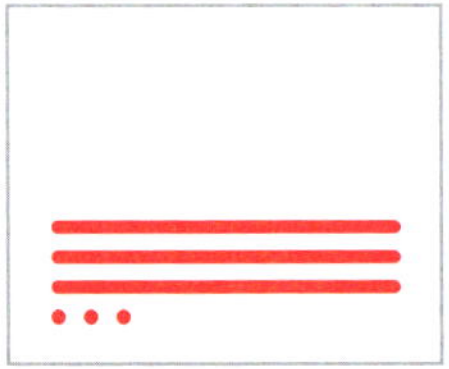
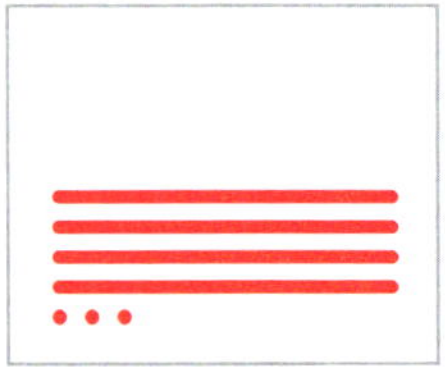

2 25 + 10 = ___ | 36 + 20 = ___ | 47 + 30 = ___ | 58 + 40 = ___

3

54 + 10 = ___	27 + 40 = ___	14 + 50 = ___	49 + 50 = ___
54 + 20 = ___	27 + 50 = ___	14 + 60 = ___	49 + 40 = ___
54 + 30 = ___	27 + 60 = ___	14 + 70 = ___	49 + 30 = ___
54 + 40 = ___	27 + 70 = ___	14 + 80 = ___	49 + 20 = ___

Einfache Plusaufgaben

4

81 + 10 = ____	54 + 30 = ____	28 + 30 = ____	52 + 10 = ____
72 + 20 = ____	46 + 20 = ____	36 + 20 = ____	44 + 30 = ____
63 + 30 = ____	38 + 10 = ____	44 + 10 = ____	36 + 50 = ____
54 + 40 = ____	30 + 0 = ____	52 + 0 = ____	28 + 70 = ____

5

40 + 41 = ____	45 + 50 = ____	32 + 30 = ____	73 + 20 = ____
52 + 31 = ____	50 + 46 = ____	42 + 30 = ____	53 + 30 = ____
64 + 21 = ____	55 + 42 = ____	52 + 30 = ____	33 + 40 = ____
76 + 11 = ____	60 + 38 = ____	62 + 30 = ____	13 + 50 = ____

6

56 + 20 = ____	30 + 69 = ____	30 + 68 = ____	19 + 70 = ____
44 + 40 = ____	40 + 49 = ____	58 + 30 = ____	24 + 70 = ____
32 + 60 = ____	50 + 29 = ____	30 + 48 = ____	29 + 70 = ____
20 + 80 = ____	60 + 9 = ____	38 + 30 = ____	34 + 70 = ____

Einfache Plusaufgaben

1 a) Zeichne und rechne. Verwandte Aufgaben.

7 + 5 = 12	6 + 8 = ___	4 + 9 = ___	5 + 7 = ___
37 + 5 = 42	46 + 8 = ___	24 + 9 = ___	75 + 7 = ___

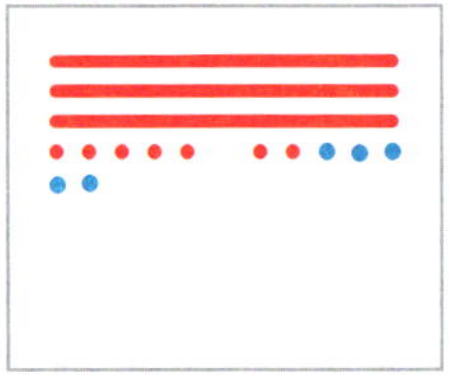
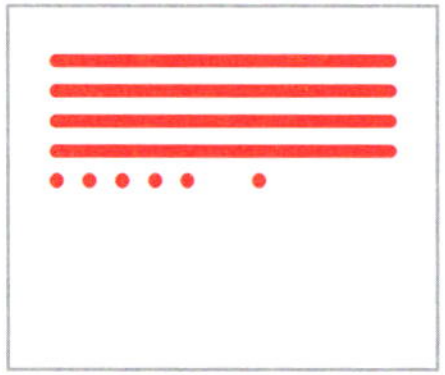

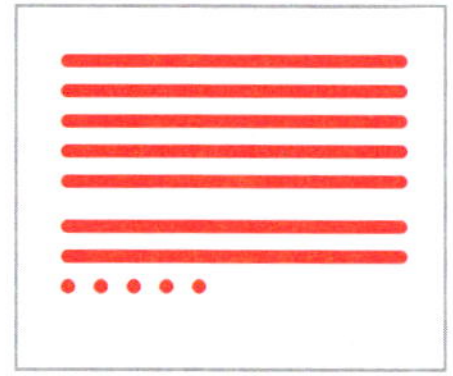

b)

5 + 7 = ___	8 + 6 = ___	9 + 4 = ___	7 + 5 = ___
35 + 7 = ___	48 + 6 = ___	29 + 4 = ___	77 + 5 = ___

2 a)

8 + 3 = ___	9 + 3 = ___	9 + 2 = ___	9 + 9 = ___
58 + 3 = ___	69 + 3 = ___	79 + 2 = ___	89 + 9 = ___

b)

6 + 9 = ___	5 + 9 = ___	8 + 7 = ___	7 + 7 = ___
46 + 9 = ___	35 + 9 = ___	88 + 7 = ___	67 + 7 = ___

Einfache Plusaufgaben

3

33 + 7 = ____	47 + 3 = ____	73 + 7 = ____	88 + 2 = ____
33 + 9 = ____	47 + 7 = ____	73 + 9 = ____	88 + 4 = ____
33 + 10 = ____	47 + 10 = ____	73 + 10 = ____	88 + 6 = ____

4

53 + 7 = ____	66 + 4 = ____	58 + 2 = ____	87 + 3 = ____
53 + 8 = ____	66 + 6 = ____	58 + 4 = ____	87 + 5 = ____
53 + 9 = ____	66 + 8 = ____	58 + 6 = ____	87 + 7 = ____

5

38 + 3 = ____	19 + 4 = ____	58 + 5 = ____	49 + 2 = ____
58 + 3 = ____	39 + 4 = ____	68 + 5 = ____	59 + 2 = ____
78 + 3 = ____	79 + 4 = ____	78 + 5 = ____	89 + 2 = ____

6

36 + 6 = ____	47 + 7 = ____	26 + 8 = ____	48 + 9 = ____
46 + 6 = ____	57 + 7 = ____	46 + 8 = ____	68 + 9 = ____
56 + 6 = ____	67 + 7 = ____	66 + 8 = ____	88 + 9 = ____

Einfache Zahlenmauern

1

15	5	10

22	8	32

33	7	43

11	9	61

2

46	4	36

34	6	44

13	7	23

21	9	51

3

38	2	8	12

26	4	6	34

33	7	3	37

Einfache Zahlenmauern

4

20	3	4	39

27	5	3	39

14	7	2	29

5

11	2	5	28

35	6	3	18

18	4	4	28

6

12	1	6	27

57	4	5	16

16	6	2	20

Einfache Minusaufgaben

1 Rechne und zeichne ein. Immer Einer weg.

28 – 5 = 23

37 – 5 = ____

46 – 4 = ____

55 – 4 = ____

2 76 – 5 = ____

76 – 4 = ____

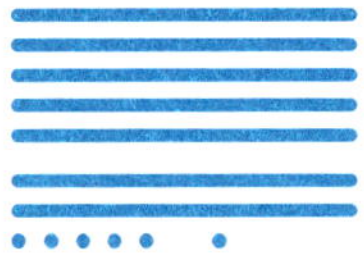

76 – 3 = ____

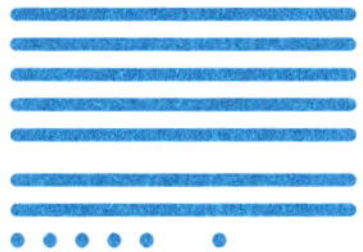

76 – 2 = ____

3 17 – 6 = ____

27 – 6 = ____

37 – 6 = ____

47 – 6 = ____

Einfache Minusaufgaben

4

38 – 5 = ___	57 – 4 = ___	46 – 3 = ___	36 – 5 = ___

5

38 – 5 = ___	69 – 6 = ___	87 – 7 = ___	9 – 8 = ___
48 – 5 = ___	79 – 6 = ___	77 – 7 = ___	19 – 8 = ___
58 – 5 = ___	89 – 6 = ___	67 – 7 = ___	39 – 8 = ___
68 – 5 = ___	99 – 6 = ___	57 – 7 = ___	59 – 8 = ___

6

27 – 2 = ___	98 – 1 = ___	69 – 9 = ___	88 – 7 = ___
27 – 4 = ___	98 – 3 = ___	69 – 7 = ___	88 – 2 = ___
27 – 6 = ___	98 – 5 = ___	69 – 5 = ___	88 – 5 = ___

7

48 – 5 = ___	56 – 1 = ___	79 – 8 = ___	67 – 1 = ___
48 – 3 = ___	56 – 5 = ___	79 – 1 = ___	67 – 6 = ___

Einfache Minusaufgaben

1 Rechne und zeichne ein. Immer Zehner weg.

23 – 10 = ____

43 – 20 = ____

63 – 30 = ____

83 – 40 = ____

2 33 – 30 = ____ 44 – 30 = ____ 55 – 30 = ____ 66 – 30 = ____

3

53 – 10 = ____	84 – 40 = ____	92 – 60 = ____	78 – 20 = ____
53 – 20 = ____	84 – 50 = ____	92 – 70 = ____	78 – 40 = ____
53 – 30 = ____	84 – 60 = ____	92 – 80 = ____	78 – 60 = ____
53 – 40 = ____	84 – 70 = ____	92 – 90 = ____	78 – 70 = ____

Einfache Minusaufgaben

4

4	53 − 10 =	62 − 20 =	87 − 40 =	99 − 60 =
	55 − 20 =	64 − 30 =	85 − 50 =	96 − 70 =
	57 − 30 =	66 − 40 =	83 − 60 =	93 − 80 =
	− =	− =	− =	− =

5

5	64 − 40 =	55 − 30 =	46 − 10 =	69 − 50 =
	64 − 41 =	55 − 31 =	46 − 11 =	69 − 53 =
	64 − 42 =	55 − 32 =	46 − 12 =	69 − 56 =
	− =	− =	− =	− =
	− =	− =	− =	− =

6

6	41 − 10 =	52 − 40 =	76 − 50 =	54 − 40 =
	52 − 20 =	63 − 40 =	65 − 40 =	43 − 30 =
	63 − 30 =	74 − 40 =	54 − 30 =	32 − 20 =
	− =	85 − 40 =	− =	21 − 10 =
	− =	− =	− =	− =

Einfache Minusaufgaben

1 Rechne und zeichne ein.

26 – 4 = ____ | 24 – 5 = ____ | 37 – 5 = ____ | 35 – 7 = ____

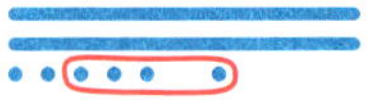   

2 48 – 5 = ____ | 45 – 8 = ____ | 27 – 3 = ____ | 23 – 7 = ____

3 77 – 2 = ____ | 72 – 7 = ____ | 28 – 5 = ____ | 25 – 8 = ____

4 58 – 3 = ____ | 67 – 5 = ____ | 88 – 2 = ____ | 36 – 5 = ____

53 – 8 = ____ | 65 – 7 = ____ | 82 – 8 = ____ | 35 – 6 = ____

Einfache Minusaufgaben

5

–	3	4	5
24	21		
35			
46			

–	6	7	8
27			
37			
47			

–	10	20	30
84			
72			
61			

–	3	5	7
53			
63			
73			

6

–	5	6	7
56			
65			
55			
66			

–	2	4	5
44			
33			
77			
88			

–	1	2	3
20			
30			
50			
60			

7

–	10	8	6
38			
28			
18			

–	9	7	5
29			
39			
59			

–	5	3	1
35			
45			
65			

–	5	10	15
45			
65			
95			

Das habe ich geschafft!

Male die Äpfel aus. Für jede fertige Seite einen.